圣火的记忆

北京奥林匹克公园图片库

马日杰　著

中国建筑工业出版社

图书在版编目（CIP）数据

圣火的记忆　北京奥林匹克公园图片库/马日杰著
北京：中国建筑工业出版社，2009
ISBN 978-7-112-10781-0

Ⅰ．圣…　Ⅱ．马…　Ⅲ.夏季奥运会－体育建筑－北京市－图集　Ⅳ．TU245-64

中国版本图书馆CIP数据核字（2009）第029646号

责任编辑：郑淮兵　王　鹏
责任设计：赵明霞
责任校对：兰曼利　关　健

圣火的记忆
北京奥林匹克公园图片库
马日杰　著
*
中国建筑工业出版社　出版、发行（北京西郊百万庄）
各地新华书店、建筑书店经销
北京秋雨设计制版有限公司制版
北京中科印刷有限公司印刷
*
开本：880×1230毫米　1/24　印张：1　　字数：46千字
2009年5月第一版　　2009年5月第一次印刷
印数：1—2000册　定价：35.00元（含光盘）
ISBN 978-7-112-10781-0
（18032）

前言

北京奥林匹克公园位于城市中轴线的北端，面积约1215公顷，其中包括760公顷的森林绿地，占地50公顷的中华民族博物馆以及占地405公顷的展览馆、体育场馆及奥运村。奥林匹克公园是北京举办2008年奥运会的中心区域，容纳了44%的奥运会比赛场馆和为奥运会服务的绝大多数设施。附书光盘包含了六百多幅高质量图片，真实记录了从工程建设到最终比赛使用各个阶段的情况。在编排上充分利用多媒体的交互技术，采用专业配音，全景式展现奥林匹克中心区的风貌。本书则是众多图片的精选，为您提供一个直观的认识和了解。

目录

奥林匹克中心区

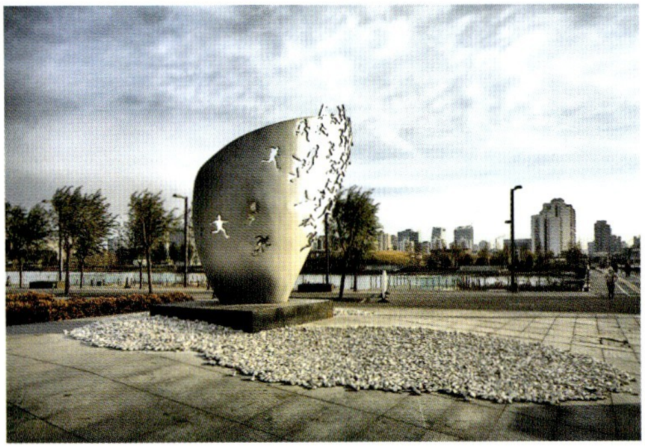

奥林匹克森林公园

奥林匹克中心区

鸟巢

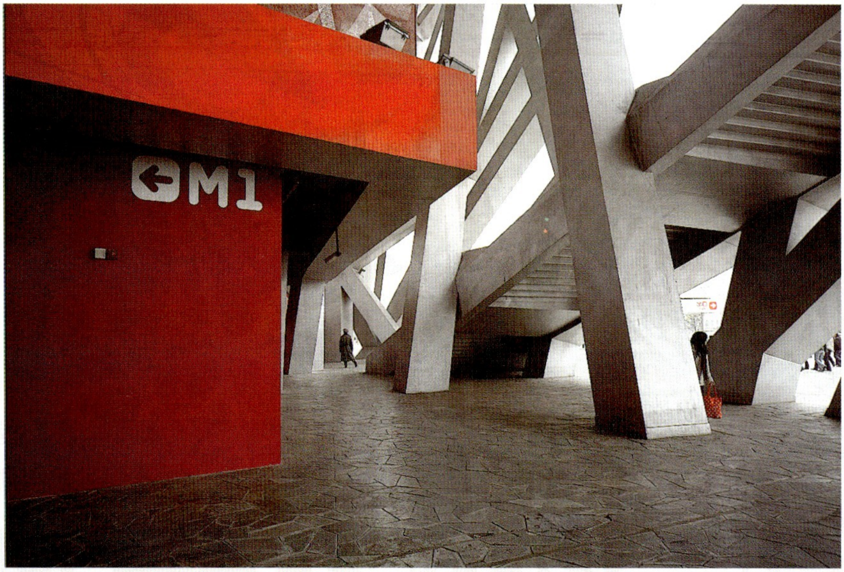

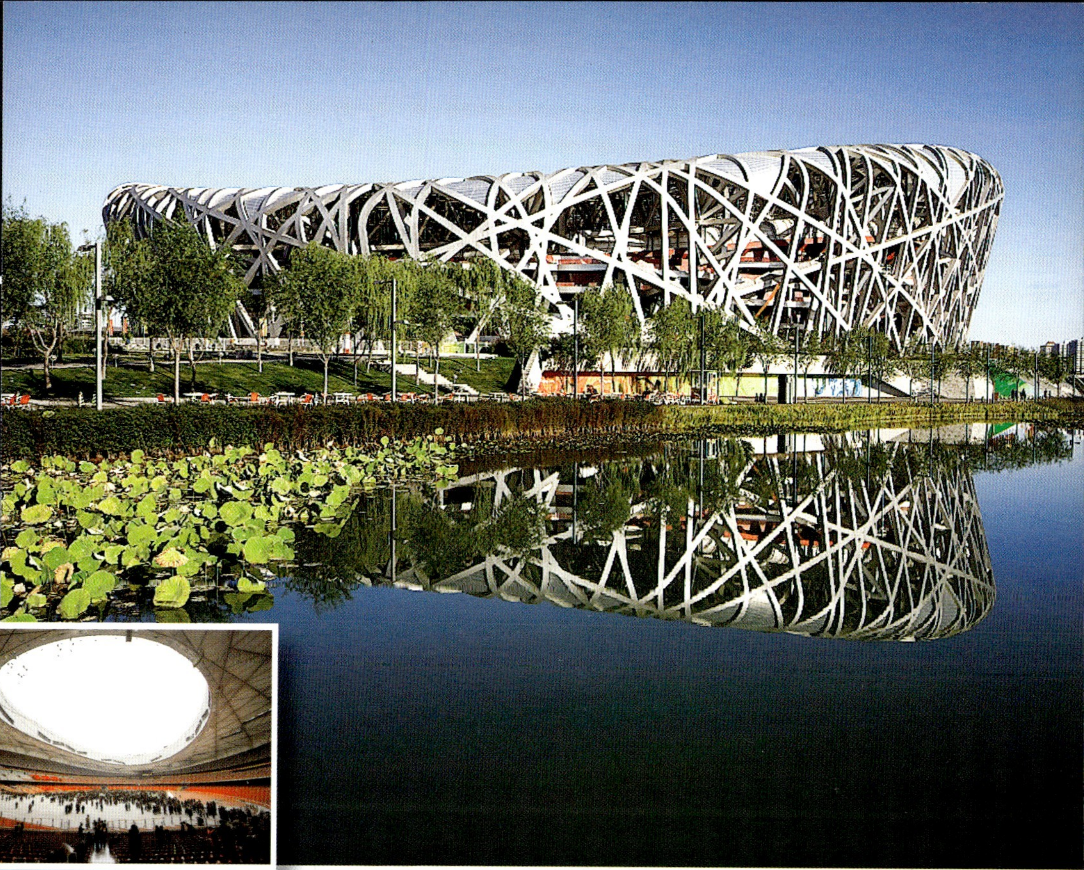

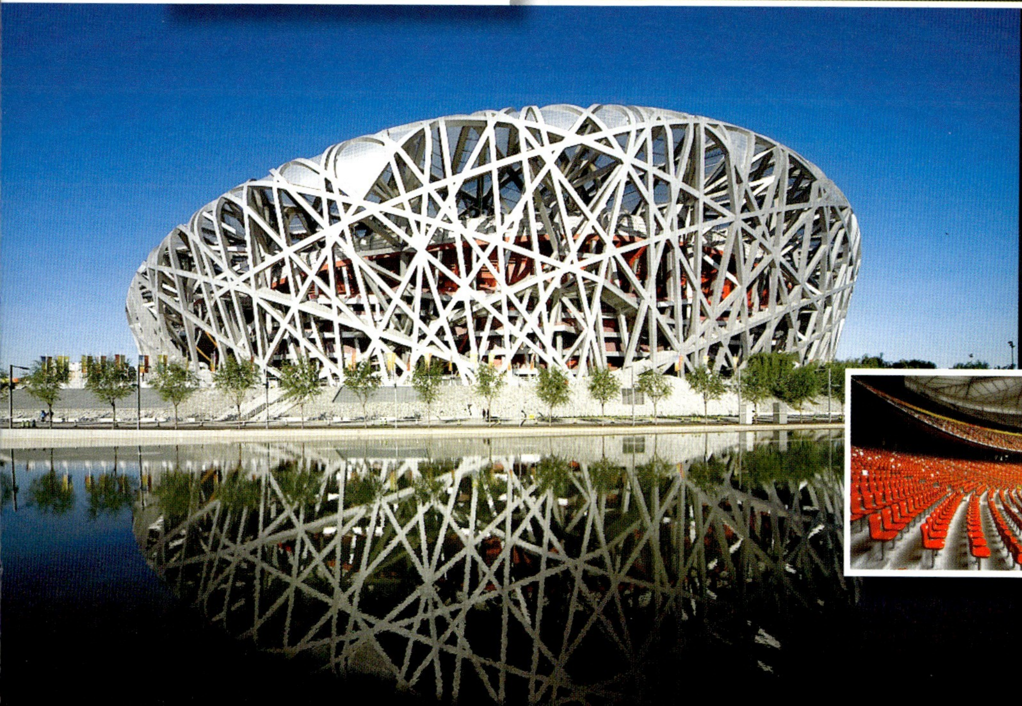

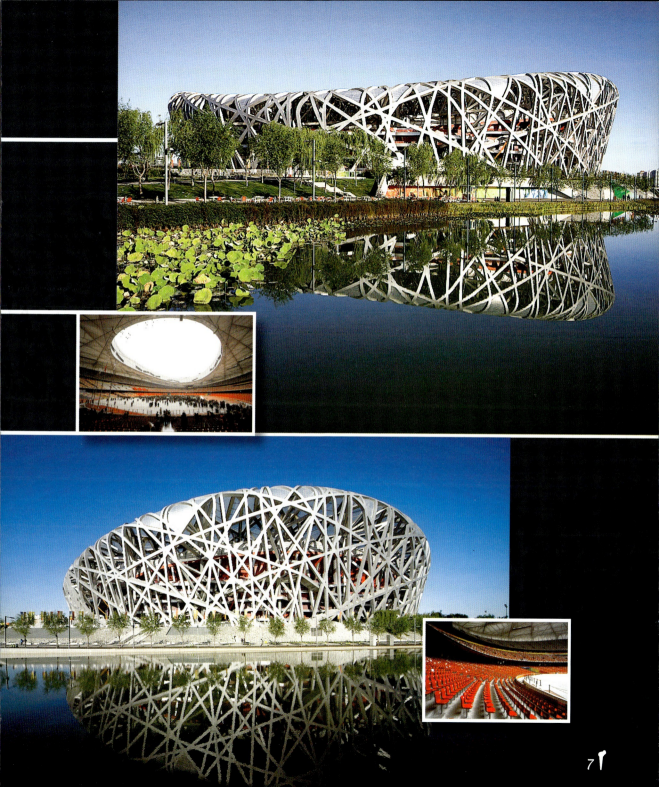

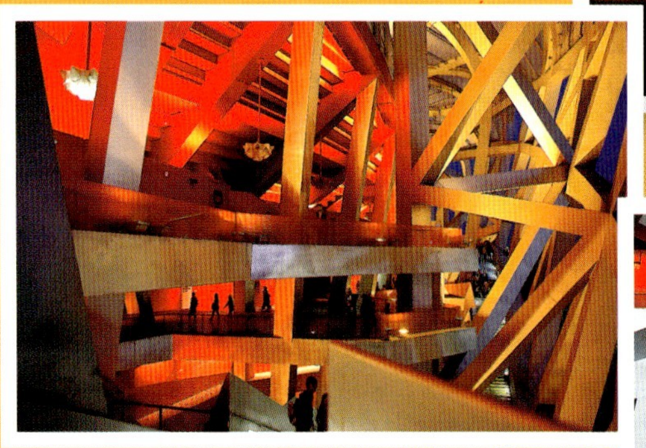

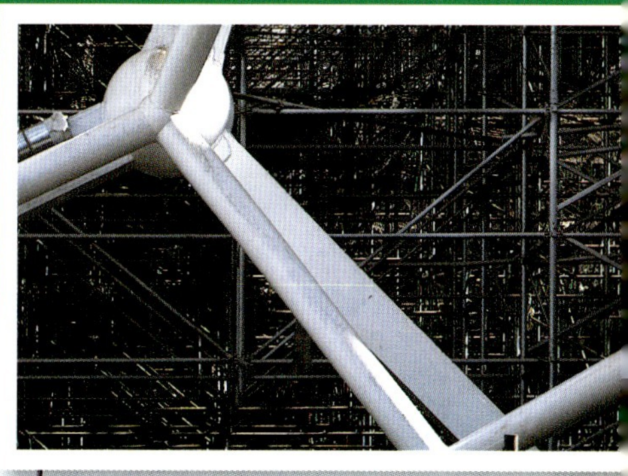

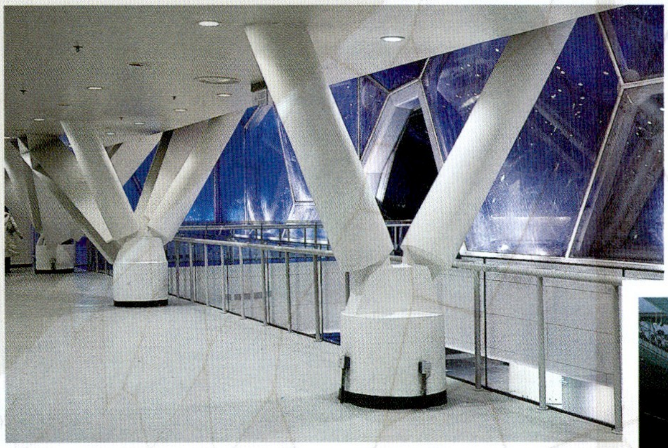

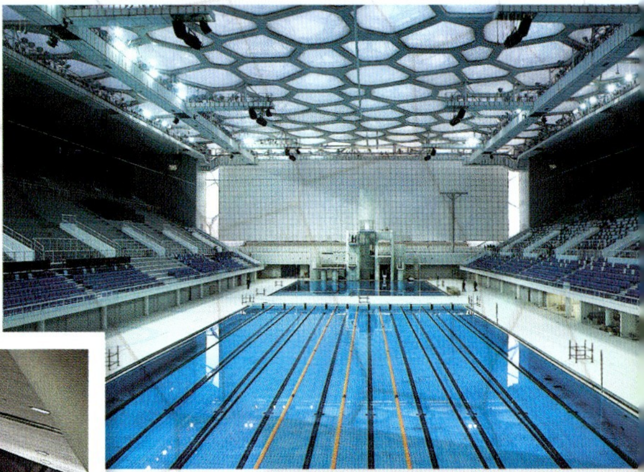

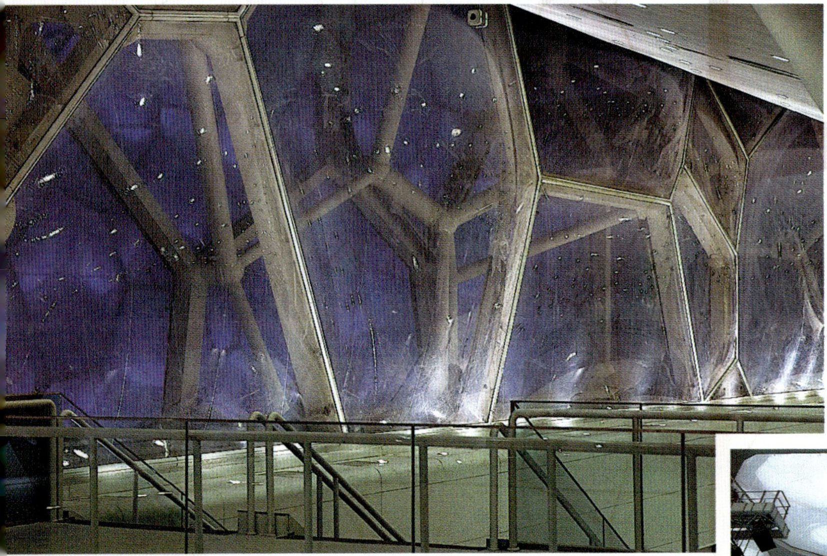

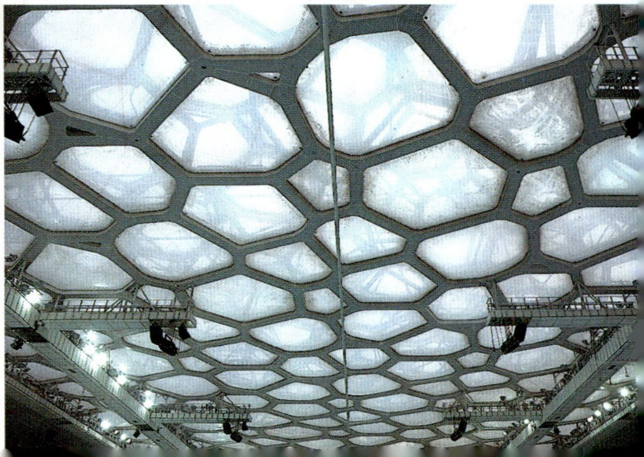

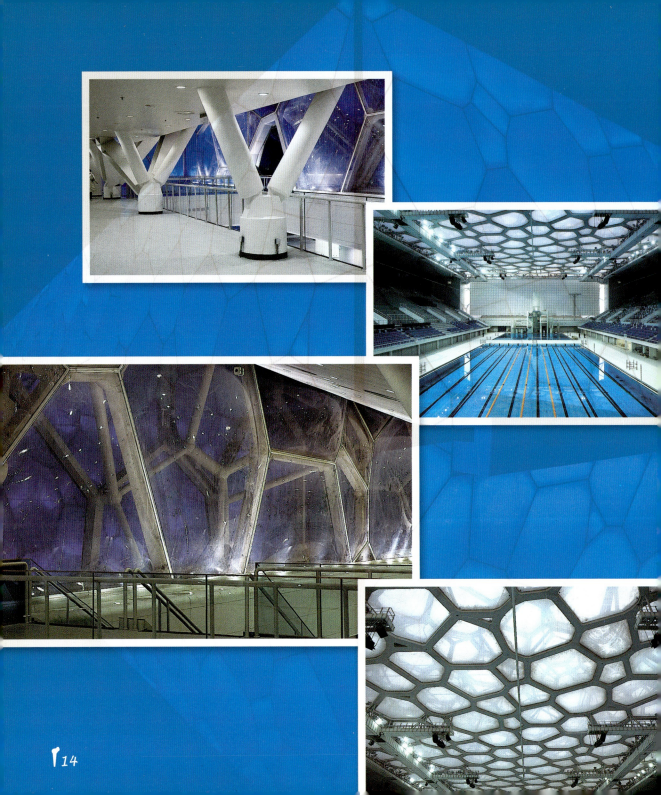

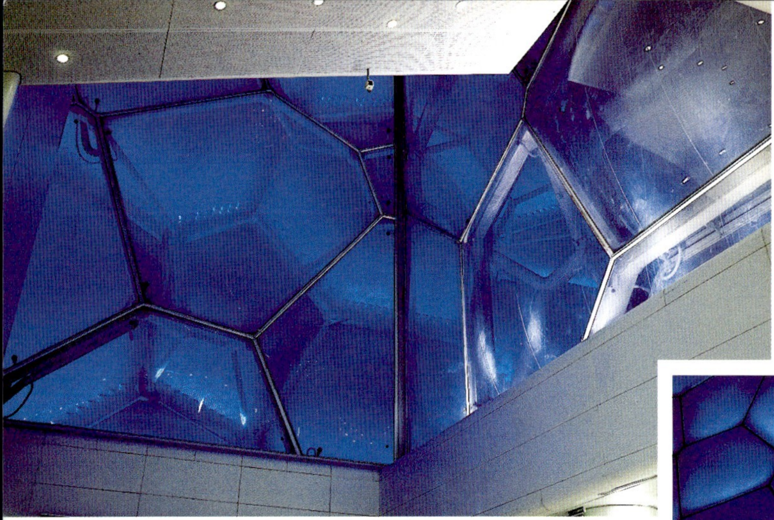

奥运雕塑

国家体育馆　国家会议中心击剑馆

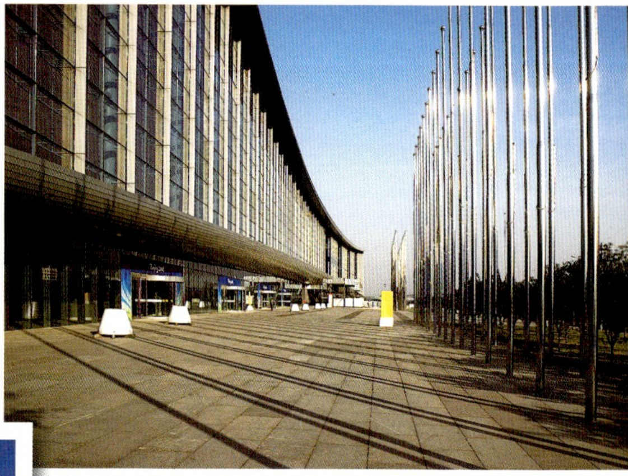

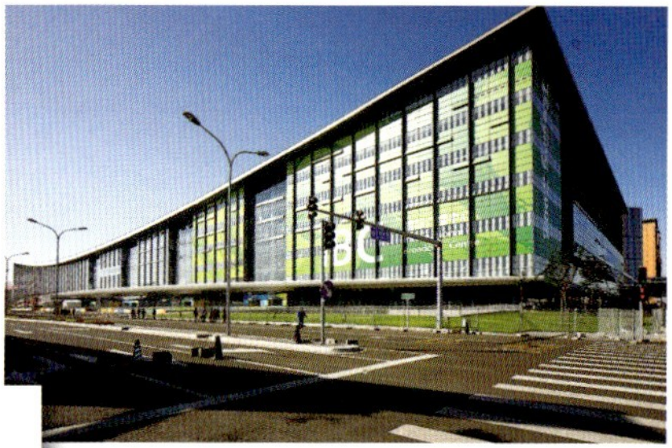

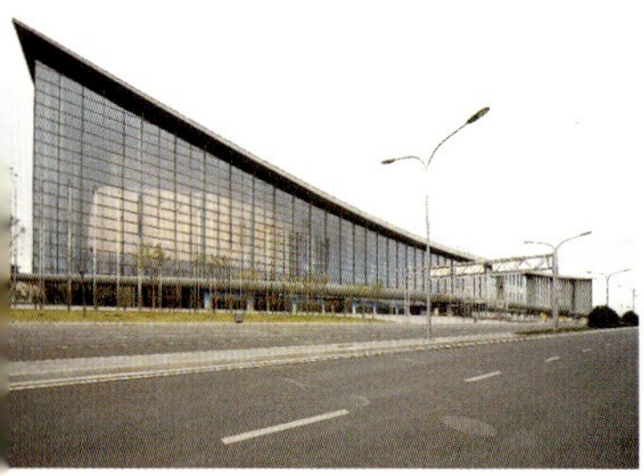

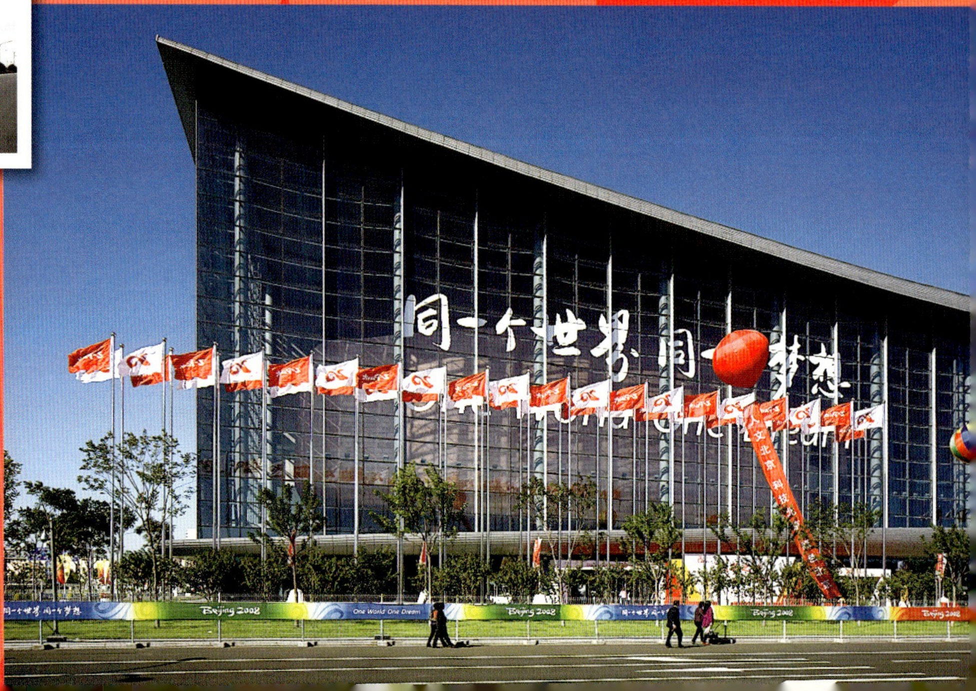

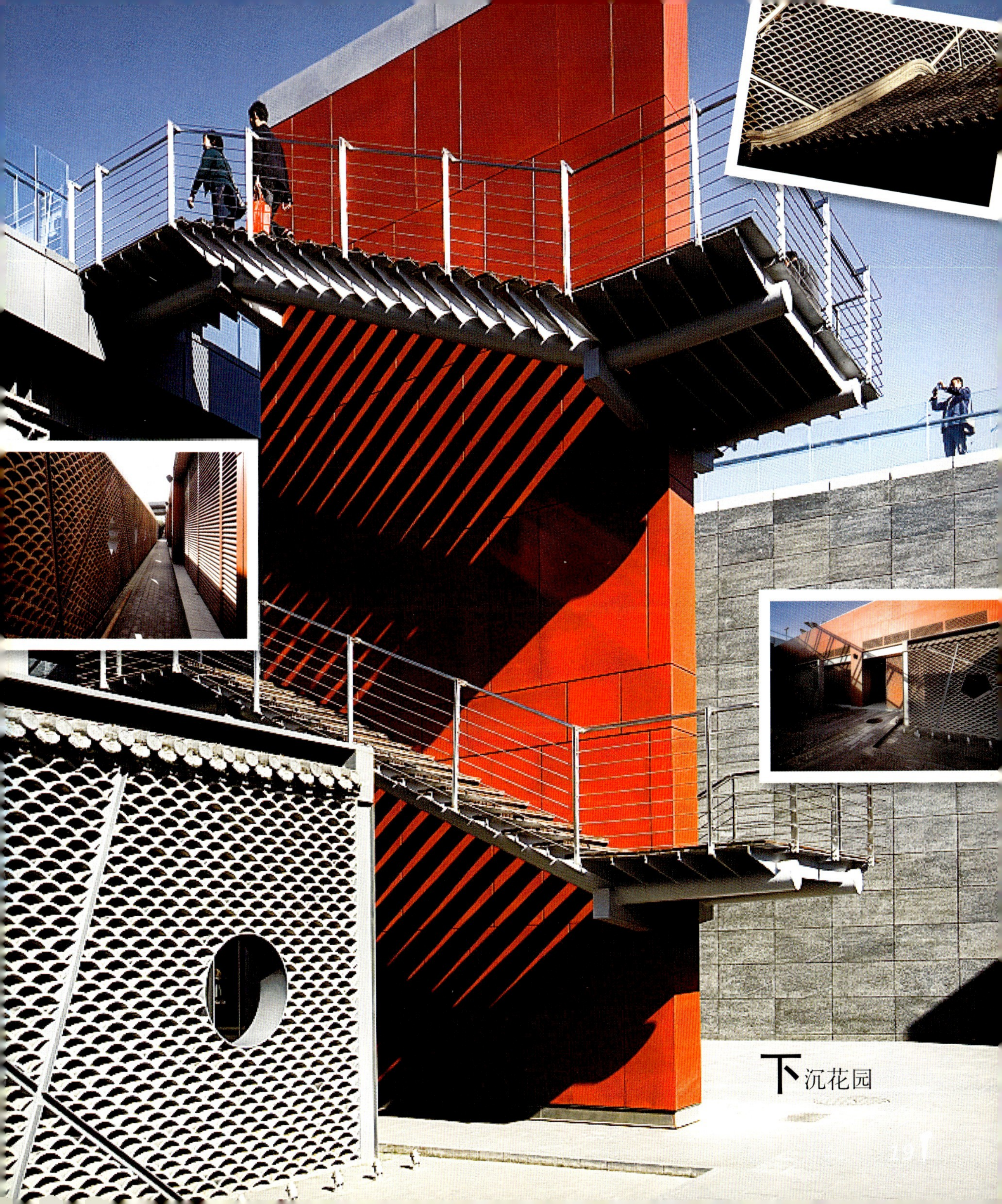

下沉花园

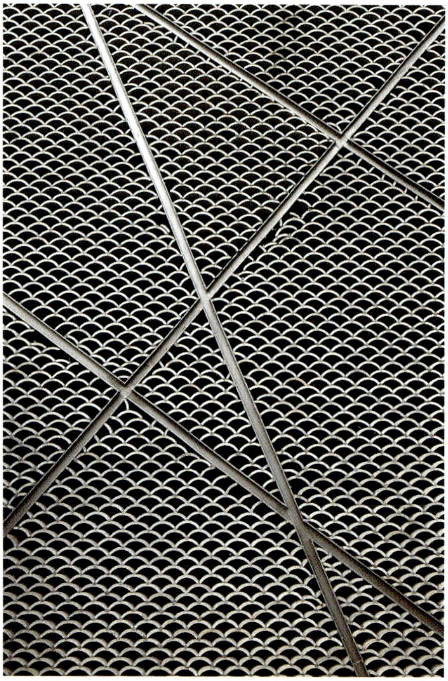

奥林匹克森林公园

主要景点

北入口

潜流湿地1

潜流湿地2

南入口

厅

叠水花台

高致

浅滩